Índice

Título: Bio-Hidrógeno

Autor: Mario Rodríguez Peña

Edición: CreateSpace Independent Publishing Platform

Fecha de publicación: Abril de 2009

ISBN: 978-1-5027-2034-4

¿Qué es el Bio-Hidrógeno?

Es un combustible limpio y renovable que posee un alto rendimiento energético (122 Kj/g = 2,75 veces mayor que los combustibles hidrocarbonados) siendo el agua el único producto resultante de su combustión. También es muy utilizado en las industrias química (producción de amoniaco y metanol), alimentaria (producción de aceites hidrogenados...) y en la producción de componentes electrónicos.

El Bio-Hidrógeno puede producirse a través de dos enzimas:

Las **hidrogenasas**: eliminan los H^+ excesivos, sólo se expresan en condiciones de anaerobiosis estricta y puede ser inhibida por oxígeno o altas concentraciones de hidrógeno.

Las **nitrogenasas**: presentes en bacterias fijadoras de nitrógeno, pueden producir hidrógeno en una reacción irreversible (incluso con saturación de hidrógeno) en ausencia de nitrógeno (ya que si no producirá amonio) y también de oxígeno y amonio que la inhiben. Además requiere energía en forma de ATP lo que disminuye su rendimiento.

CLASSIFICATION OF HYDROGEN EVOLUTION BACTERIA

Available Energy Form	Enzyme of H₂ Evolution	A class of Bacteria		A Genus of Bacteria	Electron Donor
Photosynthesis	Hydrogenase	Green Algae		Chlamydomonas Chlorella	Water ↑
		Blue-Green Algae	Heterocyst	Anabaena	↑
			Non-Heterocyst	Oscillatoria	↑
	Nitrogenase	Photosynthetic Bacteria	Non-sulfur Bacteria	Rhodopseudomonas	Organic Matters (Organic Acids)
				Rhodobacter	↑
				Rhodospirillum	↑
			Sulfur Bacteria	Chromatium	Sulfates
				Thiocapsa	↑
Non-Photosynthesis	Hydrogenase	Obligate Anaerobes		Clostridium	Organic Matters (Sugers)
				Methanobacterium	↑
		Facultative Anaerobes		Escherichia	↑
	Nitrogenase	Nitrogen Fixing Bacteria	Facultative Aerobes	Azotobacter	↑
				Clostridium	↑
			Facultative Anaerobes	Klebsiella	↑

Métodos para la producción de Bio-Hidrógeno

1. Biofotólisis directa:

Microorganismo usado: *Chlamydomonas reinhardtii*

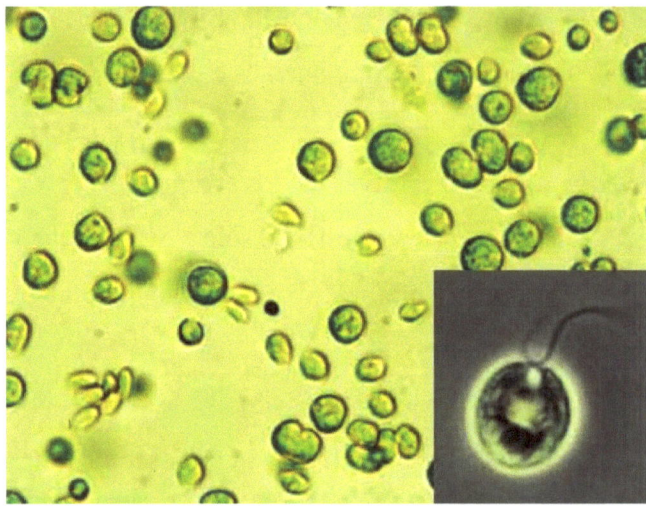

El grupo del Dr. Kruse de la Universidad de Bielefeld ha desarrollado la cepa HHPM1 (*High Hydrogen Producing Mutant*) haciendo un knock-out de un gen mitocondrial específico que produce de 6 a 15 veces más que la cepa silvestre. También está la cepa CC-1036 pf18 mt+ que carece de flagelos para poderla usar inmovilizada (en lana de vidrio, Laurinavichene et al. 2006) lo cual puede incrementar 5 veces la producción. Esta forma de producir hidrógeno se descubrió primeramente por Gaffron y Rubin en *Scenedesmus obliquus* (produce un 25% menos que *C. reinhardtii*):

Reacción enzimática: Fe-Hidrogenasas que transforman los $2H^+$ de la fotolisis del agua (con los $2e^-$ llevados por la ferredoxina), de la fase luminosa de la fotosíntesis, en H_2

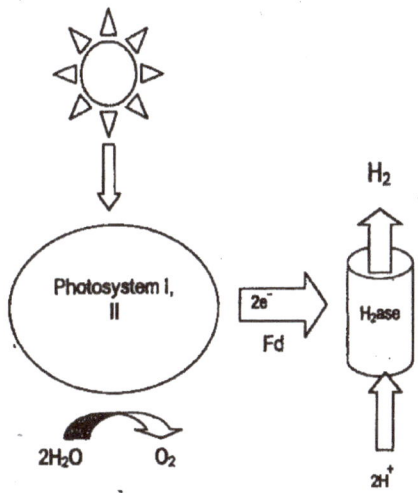

Proceso industrial propuesto: En un fotobiorreactor realizarían la fotosíntesis en ausencia de azufre/sulfatos para que haya unos niveles basales del fotosistema II y así se produzca poco oxígeno, por debajo del consumo respiratorio (Zhang y Melis, 2002), y a su vez se añade acetato para estimular la respiración y por tanto su consumo de oxígeno. Además se puede añadir al medio o hacer mutantes que sinteticen "glucosa oxidasa" (cataliza la reacción Glc + O_2) o desoximioglobina para consumir el oxígeno que se pueda formar a pesar de las anteriores precauciones. Todo esta enfocado a eliminar todo el oxígeno que haya presente para que no inhiba a la hidrogenasa. Los fotobiorreactores que se han desarrollado en fase experimental son:

Fotobiorreactor de Kruse (Univ. de Bielefeld, 2007)

Fotobiorreactor de Mignolet (Univ. de Liège, 2007)

Le photobioréacteur, construit par E.Mignolet, est un système expérimental qui évalue les capacités de production d'hydrogène de différentes souches de Chlamydomonas

2. Biofotólisis indirecta:

Microorganismos usados: cianobacterias, la más usada es *Spirulina* (*Arthrospira*) *platensis* NIES-46 (0,11 mmol/g seco·h) No posee nitrogenasa teniendo un menor consumo energético.

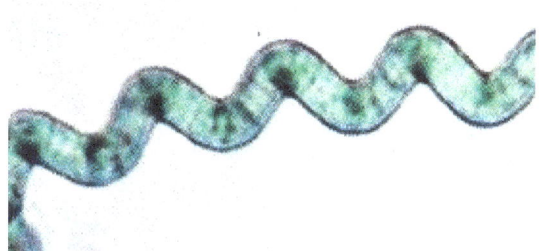

Aunque las primeras en usarse fueron *Nostoc* y *Anabaena* (primero *A. cilyndrica* (1,33 mmol/g seco·h) y luego *A. variabilis* PK84, mutante sin hidrogenasa captadora desarrollada por Sveshnikov et al. 1997 (3,06 mmol/g seco·h)), con nitrogenasa en heterocistos que la protegen del oxígeno que la inhibe.

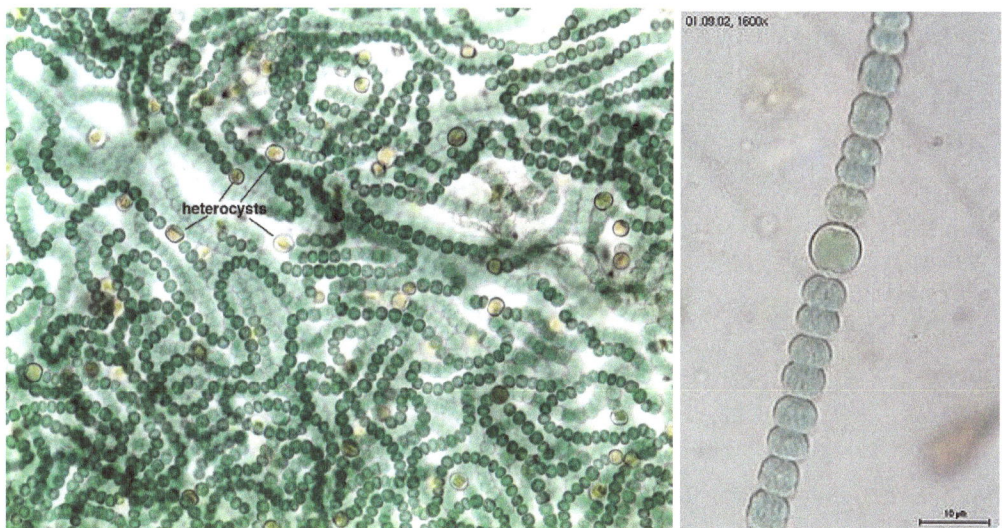

Reacción enzimática: Nitrogenasa que cataliza la producción de hidrógeno en ausencia de nitrógeno (también existen NiFe-hidrogenasas bidireccionales que usan NADH). Se han desarrollado mutantes sin hidrogenasa captadora (que oxida el hidrógeno) e incrementando los niveles de NiFe-hidrogenasa bidireccional

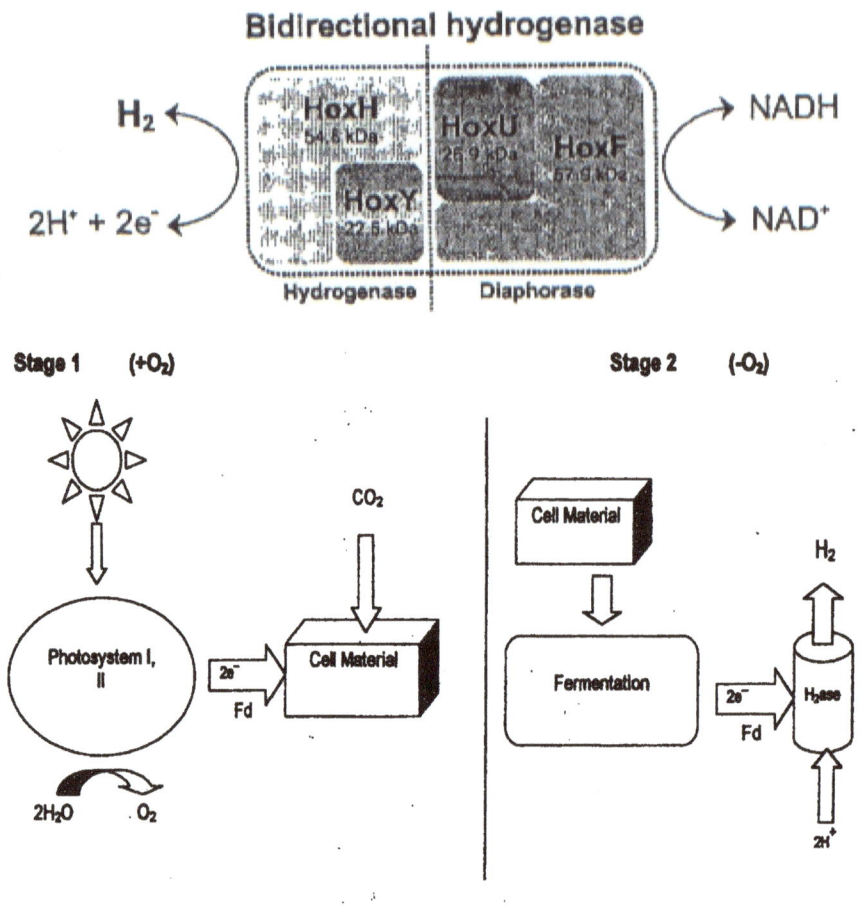

Proceso industrial en experimentación: Son 4 etapas

a. Producción de biomasa rica en almidón por fotosíntesis normal (fijación de CO_2 con H^+ de NADPH). Vigilar pH por burbujear CO_2

b. Concentración/Separación de la biomasa (su respiración va creando anaerobiosis)

c. Fermentación oscura (anaeróbica) de glucosa a H_2 y acetato

d. Fotofermentación (anaeróbica) del acetato en H_2

<u>Medio</u>: Zarrouk, rico en bicarbonato (HCO_3^-)

Fotobiorreactor tubular tipo Tredici en Honolulu (Hawai): 8 tubos con 230l en total.

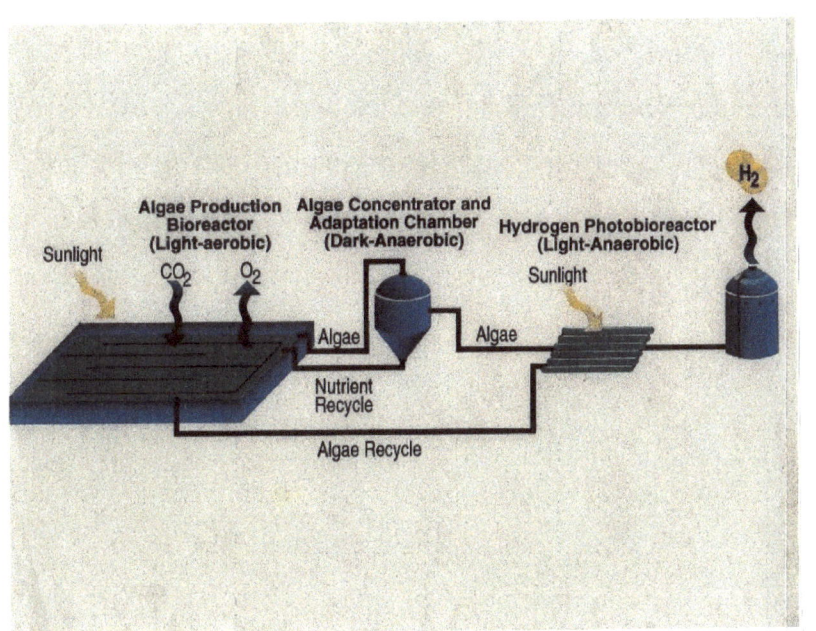

FIGURE 3.1. SCHEMATIC OF THE HAWAII INDIRECT BIOPHOTOLYSIS PROCESS.

FIGURE 4.4.
CLOSE-UP OF THE PHOTOBIOREACTOR TUBES SHOWING GAS BUBBLES.
Notes: 1. Dark cover on left was used to shade the culture during inoculation.
2. Tube on right is return tube without air, small bubbles are O2 produced by the algae.

3. Fotofermentación

Microorganismos usados: bacterias púrpuras no sulfurosas como *Rhodobacter*. Se mejora la producción con un mutante por radiación UV de *R. sphaeroides* RV (cepa MTP4) cuya mutación redujo su contenido en carotenoides que limitaba la incidencia de la luz en el sistema fotosintético (Kondo et al, 2002), También se mejora su producción de hidrógeno con un mutante deficiente en hidrogenasa captadora (*hup*-) (Kars G. et al. 2008)

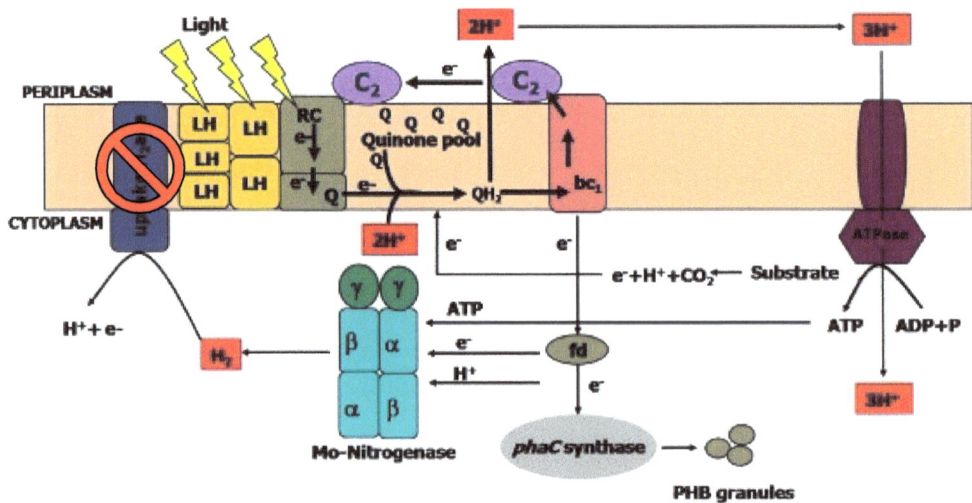

Reacción enzimática: Nitrogenasa que cataliza la producción de hidrógeno en ausencia de nitrógeno

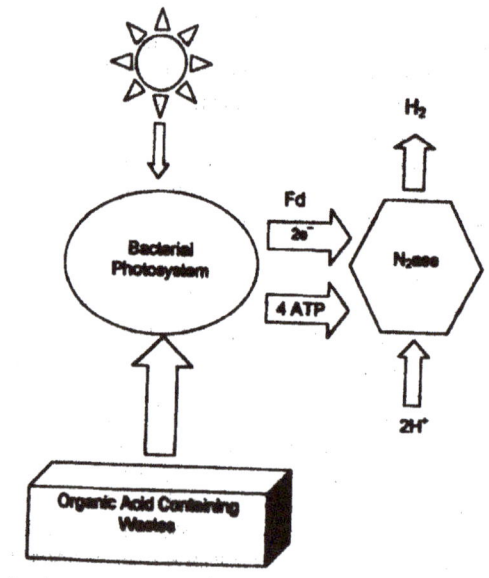

Proceso industrial en experimentación:

<u>Medio</u>: con ácidos orgánicos (como los que se encuentran en sustancias de desecho) en condiciones deficientes de nitrógeno y con luz que cuanto más intensa aumenta la velocidad y el rendimiento en la producción de hidrógeno.

<u>Foto-biorreactor</u>:

- Tubular (como el de Hawai)

- De panel de platos (usado por Chen para *Rhodopseudomonas palustris*, National Cheng Kung Universtity, 2006)

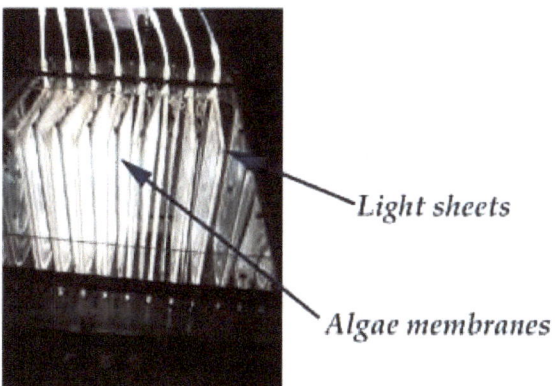

Light sheets

Algae membranes

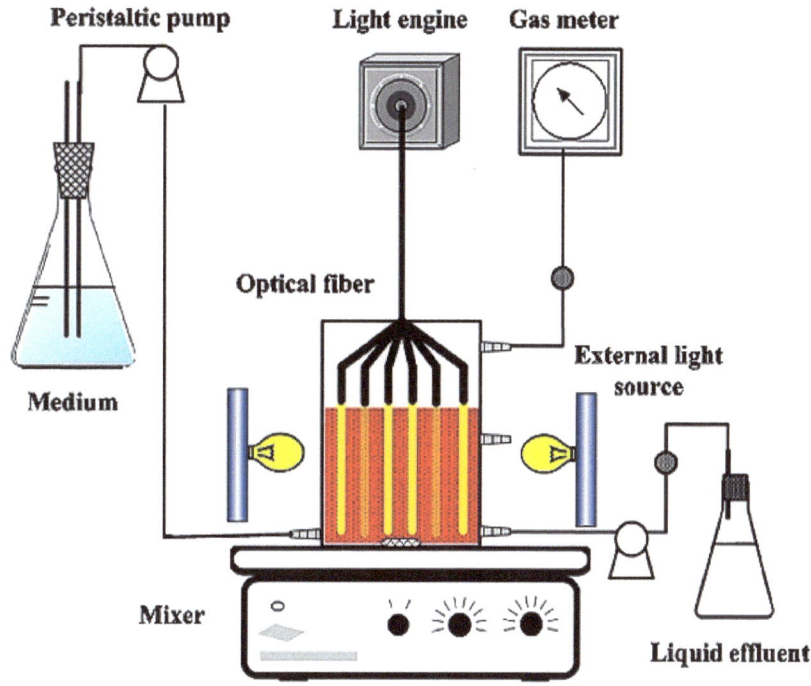

- De columna de burbujeo (reactor del Dr. Hans Reith, ECN)

Se produce más cuando las células están inmovilizadas (permite una mayor concentración de biomasa). Normalmente funcionan en discontinuo y en menor medida también en continuo.

Tasas de producción: 9 ml/l(medio)h a pH = 5 y T = 35ºC (Eroglu et al. 2006)

4. Reacción de intercambio gaseoso biológica (*biological water gas shift reaction*, BioWGS)

Microorganismos usados: *Rhodospirillaceae* (bacterias fotoheterótrofas) como *Rhodospirillum rubrum* y *Rubrivivax gelatinosus* CBS (Wolfrum et al, 2003).

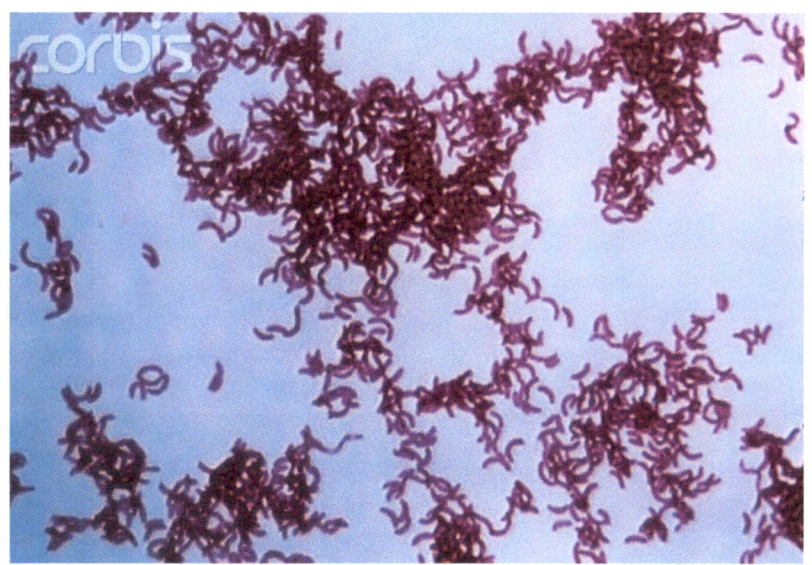

También *Citrobacter* Y19 (enterobacteria que produce 23-58 mmol H_2/l h, 3 veces superior a *R. rubrum*, Junga et al. 2001) y *Methanosarcina barkeri* (metanógena) puede producir hidrógeno a partir de CO y H_2O con BESA (ácido 2-bromoetanosulfónico) que inhibe la reducción del CO a CH_4 (descubierto por Bott, Eikmanns y Thauer).

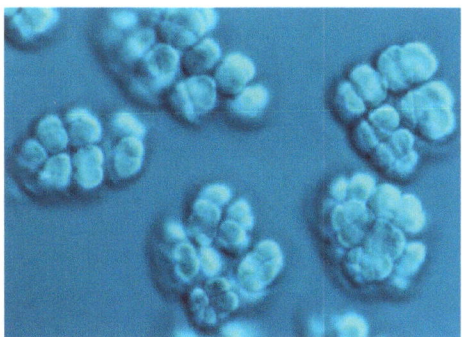

Reacción enzimática: CO-deshidrogenasa (CODH) que lleva a cabo la reacción: $CO + H_2O = CO_2 + H_2$ para producir ATP, con actividad hidrogenasa tolerante al oxígeno.

Proceso industrial propuesto:

Medio: cultivo en oscuridad usando CO como única fuente de carbono (que puede provenir de un proceso de gasificación de biomasa en el que se obtiene H_2 + CO)

Biorreactores: el primero en usarse fue el TBR (*trickle-bed reactor*): Wolfrum y Watt 2002 (*R. gelatinosus*)

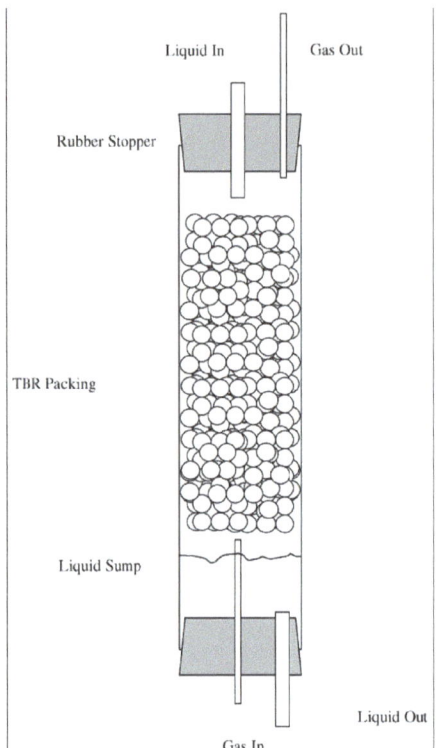

Pero en la actualidad se usan los siguientes reactores, con mayor atención en el biorreactor RBR (*Recirculating Bubble-Column Reactor*) ya que es más fácil de controlar (Wolfrum et al. 2003):

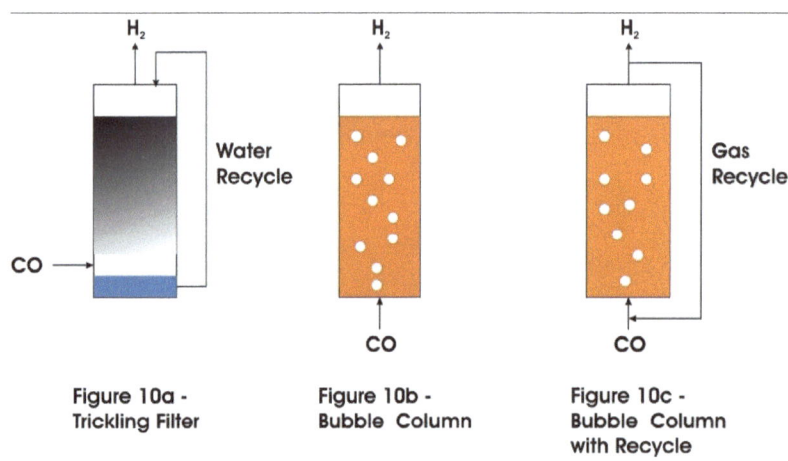

5. Fermentación oscura

Microorganismos usados: se usan bacterias anaeróbicas como *Clostridium*, termófilas como *Caldicellulosiruptor* y *Enterobacter* de dos formas:

- Cultivos puros:

    a. *Anaerobios estrictos*: *Clostridium* (el de mayor rendimiento es *C. butyricum* con 2 mol H_2/mol Glc)

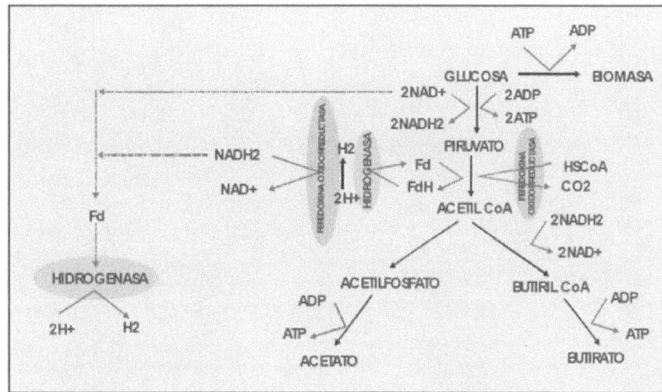

   También se ha usado *Ruminococcus albus* (anaerobio estricto del rumen) y termófilos como *Caldicellulosiruptor* (*C. saccharolyticus* está siendo usado en el proyecto Hyvolution explicado más adelante), *Spirochaeta*, *Anaerocellum*, *Dictyoglomus*, *Fervidobacterium*, *Thermoanaerobacter* y *Thermotoga* que pueden llegar a tener un rendimiento mayor del 80% del valor teórico (4 mol H_2/mol Glc) pero tienen la desventaja de tener una baja densidad celular en los cultivos y necesitar un gran aporte de calor (desfavorable económicamente).

    b. *Anaerobios facultativos*: resistentes al oxígeno y lo consumen rápidamente en los biorreactores garantizando anaerobiosis: *Enterobacter*: como *Escherichia coli*, cuya producción no se inhibe a altas presiones parciales de hidrógeno pero tiene menos rendimiento que *Clostridium* por producir lactato aunque existen mutantes que tienen bloqueada la formación de lactato. *E. coli* en medio con formiato en anaerobiosis por su actividad formiato-hidrógeno-liasa) y la *Klebsiella pneumoniae* que no se usa por ser patógena pero tiene un metabolismo interesante en el que además de producir hidrógeno por una fermentación ácido-mixta (gracias a las hidrogenasas) también lo produce a partir del fórmico, obtenido por la piruvato-formiato-liasa del piruvato, gracias a la formiato-hidrógeno-liasa (como *E. coli*) y también por una nitrogenasa que tiene.

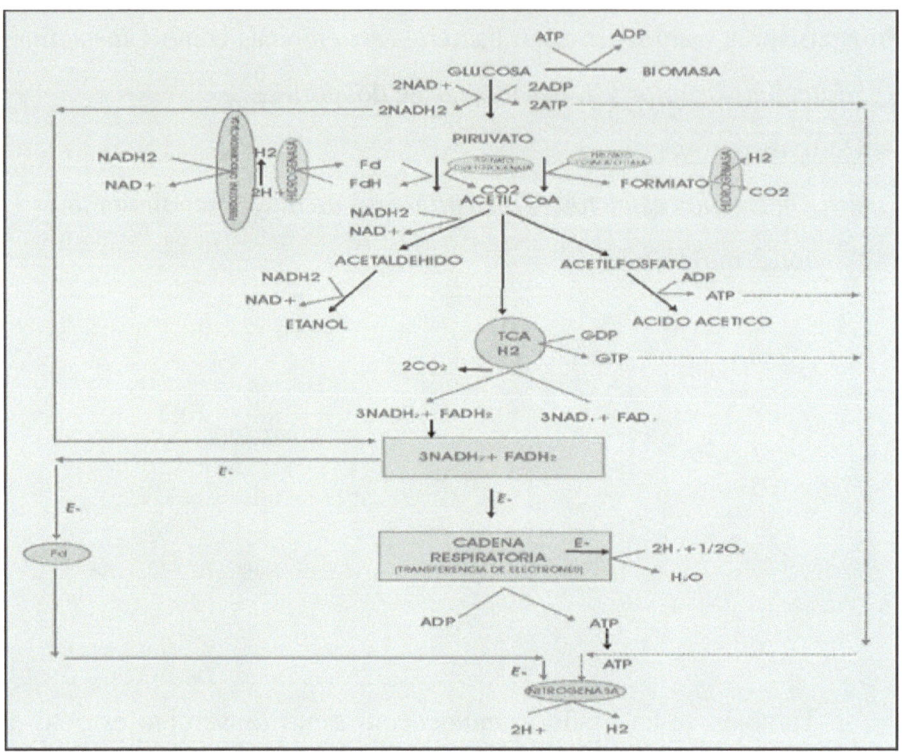

- Cultivos mixtos: compost, lodos (activados, digeridos anaeróbicamente o de lagos) y suelos agrícolas que hay que pretratar con calor o pH extremos para eliminar a los metanógenos que consumen hidrógeno sobreviviendo las bacterias esporuladas como *Clostridium*. Para enriquecer la microflora productora de hidrógeno también se somete a aireación e inhibición de metanógenos con BESA (ácido 2-bromoetanosulfónico) y yodopropano. Si el biorreactor trabaja en continuo se pone un HRT (tiempo de retención hidráulica) corto para promover el lavado celular (*wash out*) de metanógenos que tienen una tasa de crecimiento baja. Producción próxima a 2 moles H_2/mol Glc (presencia predominante de *Clostridium*) = 30-50 mmol H_2/l h

Biorreactor anaeróbico en una granja de Ontario (NRC)

Reacción enzimática: fermentación acetobutírica. Tiene un mayor rendimiento cuando se obtiene acético (4 mol H_2/mol Glc teóricos) que cuando se obtiene butírico (3.4 mol H_2/mol Glc teóricos). El metabolismo de la bacteria debe enfocarse hacia la producción de ácidos carboxílicos evitando la producción de alcoholes como etanol y butanol, y de ácidos reducidos como el lactato que contienen hidrógeno que podría liberarse.

Producción industrial en experimentación:

Medio: rico en carbohidratos, en oscuridad. Para que los sustratos sean de interés deben cumplir:

a. Producidos a partir de recursos renovables
b. Estar disponibles en cantidad suficiente
c. Concentración para que la fermentación ocurra de forma eficiente
d. Pretratamientos mínimos y de bajo coste.
e. Deben cubrir los requerimientos en nitrógeno y fósforo (importantes para la producción de hidrógeno), y azufre y hierro (importantes para la producción de hidrogenasas), suplementando si es necesario.

- Sustratos para cultivos puros: glucosa (*E. coli*) y sacarosa (*C. butyricum*), también maltosa, lactosa, galactosa... Apenas hay bacterias productoras de hidrógeno que usen celulosa o hemicelulosa (como *C. saccharolyticus* usado en el proyecto Hyvolution explicado más adelante).

- Sustratos para cultivos mixtos: desechos de recursos agrícolas principalmente (cascarilla de arroz, paja de trigo/sorgo o material ligno-celulósico) y también aguas residuales de productos lácteos, restos de la industria de la oliva, desechos de panadería/cervecería...

- Los desechos deben ser pretratados con procesos térmicos (temperaturas de ebullición por ciertos periodos de tiempo), químicos (tratamiento a pHs extremos) o enzimáticos para hidrolizar el almidón y la celulosa/hemicelulosa dejando en el medio carbohidratos libres.

    I. El material ligno-celulósico debe someterse a pretratamientos más enérgicos ya que los productos de degradación de la lignina inhibe el crecimiento microbiano.

    II. Las aguas residuales se pretratan eliminando componentes indeseables, desnaturalizando proteínas y sustancias orgánicas complejas, diluyendo la carga orgánica, regulando el pH y añadiendo componentes necesarios para la fermentación.

Biorreactor:
- En el laboratorio se ha hace de forma **discontinua (_batch_)** con agitadores magnéticos para investigar los requerimientos nutricionales y sus rendimientos. También sirve para el acondicionamiento de los cultivos mixtos (para lavar y germinar las esporas) para disminuir la fase de latencia (_scaling up_)
- Un proceso **continuo** supone menores tiempos de fermentación y se puede alcanzar un estado estacionario, siendo más fácil controlar los parámetros antes citados.
- Un proceso **alimentado (_fed-batch_)** son poco utilizados, sirven para evaluar condiciones de germinación de bacterias esporuladas pero una interrupción en la alimentación mayor de 6h puede llevar a las bacterias a esporular de nuevo.

Debe controlarse la temperatura, la concentración inicial del sustrato y la edad y volumen del inóculo y también el pH, el HRT, la presión parcial de hidrógeno y CO_2, y los subproductos que se forman (idealmente acético)
- **pH** = 6 con buen rendimiento. Si no se controla el pH puede ir variando el patrón de fermentación e incluso la comunidad bacteriana. El pH no puede caer por debajo de 4.81/4.74 ya que el butírico y el acético se protonarían y pasarían las membranas bacterianas causando un colapso en el gradiente de protones, esporulando o muriendo.
- **HRT** corto: lava las bacterias metanógenas (selección hidrodinámica) y reduce el tamaño del reactor (abaratando el proceso).
- **Presión parcial de hidrógeno:** reducir mediante la agitación, la concentración del sustrato, ¿la purga con gases inertes? (¡baja la concentración de hidrógeno!) y extracción continua a través de membranas.
- La retención de bacterias incrementa la biomasa al crear ambientes locales anaeróbicos

El biorreactor más usado es el biorreactor de membrana (MBR) es una membrana de microfiltración de fibra hueca conectado a un biorreactor CSTR (reactor continuo de tanque agitado, Lee et al. 2007)

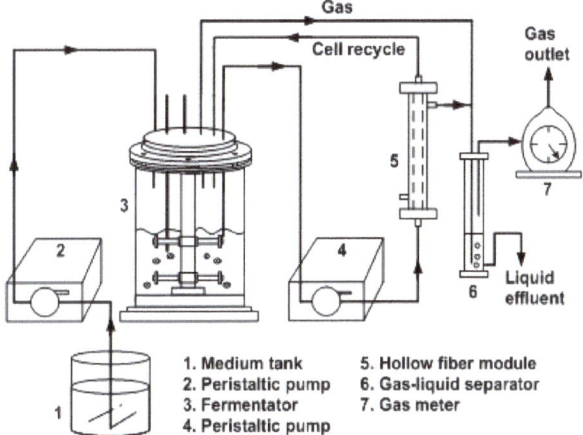

1. Medium tank   5. Hollow fiber module
2. Peristaltic pump   6. Gas-liquid separator
3. Fermentator   7. Gas meter
4. Peristaltic pump

También se usa el SBR (reactor biológico secuencial) en el que el microorganismo es inmovilizado por un periodo en matrices de EVA (etilen-vinil-acetato), celulosa, capas de alginato-polivinil-acetato, carbón activado y alginato de calcio. Presenta tasas de producción similares al CSTR (Wu et al, 2005).

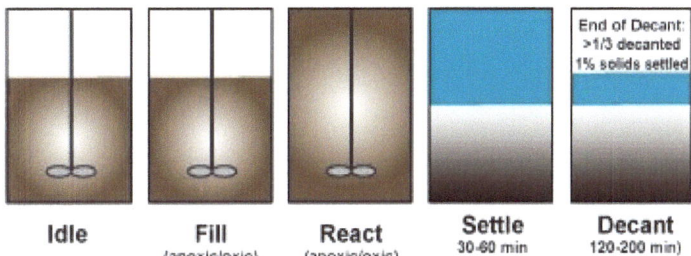

Los biorreactores PBR (de lecho empacado) tiene dos configuraciones principales: el UASB (biorreactor de lecho ascendente anaerobio, Yang et al. 2006) y el CIGSB (biorreactor de cargador inducido granular, Lee et al, 2006).

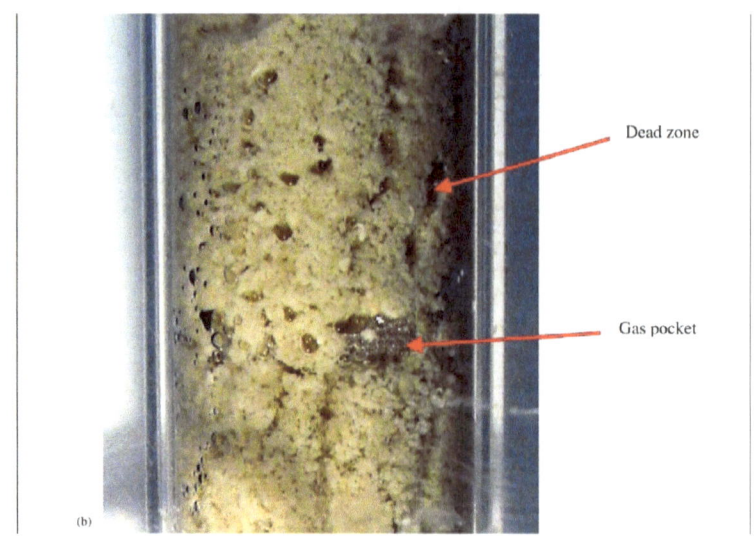

Para las bacterias termófilas (como las del proyecto Hyvolution descrito más adelante) se ha desarrollado el biorreactor CMTB

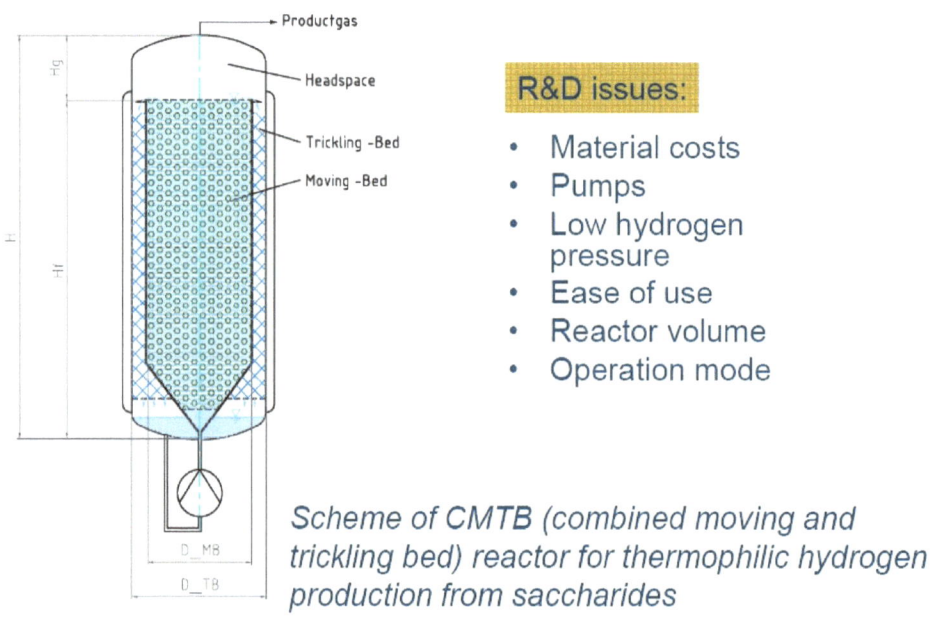

Scheme of CMTB (combined moving and trickling bed) reactor for thermophilic hydrogen production from saccharides

Otros biorreactores son el FBR (reactor de lecho fluidificado, Chang et al, 2007) y el ABR (bafleado anaeróbico, de tres compartimentos)

6. Integración: fermentación oscura + fotofermentación

Esta integración hace más eficiente la producción de Bio-Hidrógeno ya que se integran los dos procesos más productivos: En la fermentación oscura se obtiene H_2 y como subproductos ácidos orgánicos (acético y butírico) los cuales son utilizados en un biorreactor en serie conectado al anterior en el cual por fotofermentación transforman estos ácidos en presencia de luz a H_2 y CO_2. Ejemplos de esto son:

a. La planta piloto en la planta de Nanko (Osaka, Kansai Electric Power Company): en 3 etapas: acumulación de almidón por fotosíntesis normal en *Chlamydomonas* MGA-161 (biorreactor de 400l), fermentación oscura de esta alga verde (biorreactor de 135l) y fotofermentación por *Rhodovulum sulfidophilum* W-1S (fotobiorreactor de 200l), ambos microorganismos inmovilizados en polivinil-alcohol-fotopolímero

b. Proyecto europeo Hyvolution (Wangeningen): en la fermentación oscura quieren usar *Caldicellulosyruptor saccharolyticus*, bacteria termófila que ha demostrado tener un gran rendimiento en la producción de hidrógeno y que además es capaz de usar celulosa, y en la fotofermentación quieren usar *Rhodobacterium sphaeroides* O.U.001. Probaran distintos medios procedentes de residuos agrícolas y alimentarios pretratados.

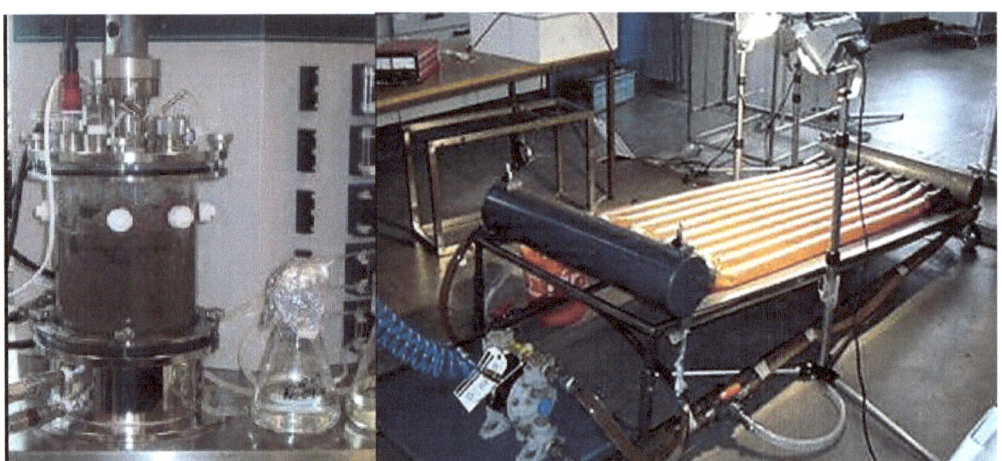

Separación del hidrógeno

Hay que extraer continuamente la mezcla $H_2 + CO_2$ que se produce. Por un lado, un aumento de la presión parcial de hidrógeno reduce la tasa de producción del mismo y puede perderse en forma de sustratos reducidos (como el lactato). Por otro lado el CO_2 también afecta a la tasa de producción de hidrógeno y a partir de él pueden producir otros metabolitos consumiendo el NADH necesario para producir Bio-Hidrógeno.

Para obtener H_2 de la anterior mezcla se suelen usar membranas permeables al H_2 pero no al CO_2 ni al N_2 (del aire). Estas membranas no tienen que ser tan termorresistentes como los usados en la producción inorgánica de hidrógeno ya que no va a alta temperatura, siendo por tanto mas baratas. Se suelen usar membranas de silicona.

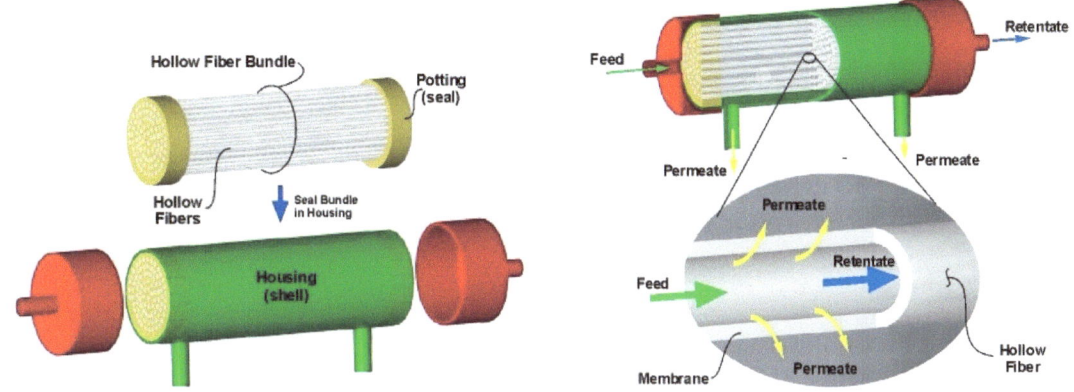

El CO_2 separado se recircula al biorreactor que tenga un microorganismo fotosintético.

Se puede pretratar la mezcla $H_2 + CO_2$ burbujeándola en agua ligeramente alcalina o con MEA (monoetanolamina) para retirar la mayor parte del CO_2 en forma de HCO_3^- disuelto.

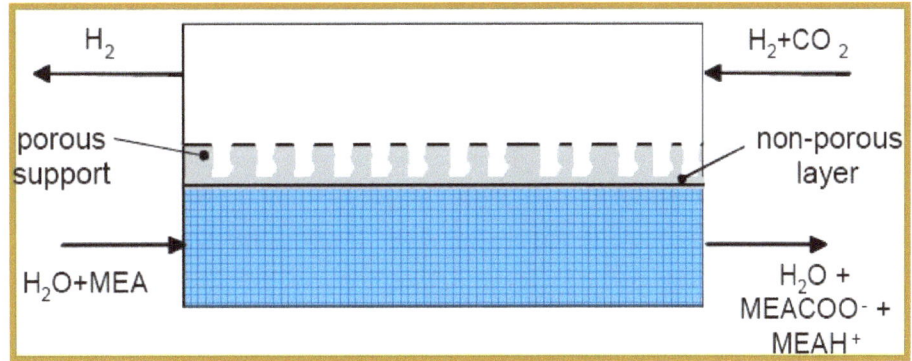

El HCO_3^- puede recircularse al biorreactor con el microorganismo fotosintético o liberarse a un río eliminándose este HCO_3^- con la fotosíntesis de las algas de dicho río, no liberándose en ningún momento a la atmósfera para evitar así el problema del efecto invernadero.

También se ha propuesto recuperar el CO_2 pasando la mezcla H_2 + CO_2 por condensadores de compresión en los que el CO_2 condensaría recuperándose CO_2 líquido para usos industriales y H_2 puro en gas.

Bibliografía (en orden de aparición)

T.V. LAURINAVICHENE, A.S. FEDOROV, M.L. GHIRARDI, M. SEIBERT, and A.A. TSYGANKOV. Demonstration of sustained hydrogen photoproduction by immobilized, sulfur-deprived *Chlamydomonas reinhardtii* cells. *International Journal of Hydrogen Energy, 31, 659-667. 2006*

ZHANG L., and MELIS A. Probing green algal hydrogen production. *Phil. Trans. R. Soc. Lond. B. Vol. 357, 1499–1509. 2002.*

D.A. SVESHNIKOV, N.V. SVESHNIKOVA, K.K. RAO, and D.O. HALL. Hydrogen metabolism of mutant forms of *Anabaena variabilis* in continuous cultures and under nutritional stress. *FEMS Microbiology Letters, 147, 297. 1997*

R. ROCHELAU and J. R. BENEMANN. Biohydrogen Production, Final Summary Report (1996-2000). *Report of Hawaii Natural Energy Insitute (Univesity of Hawaii)*

KONDO T., ARAKAWA M., HIRAI T., WAKAYAMA T. HARA M., and MIYAKE J. Enhancement of hydrogen production by a photosynthetic bacterium mutant with reduced pigment. *Journal of Bioscience and Bioengineering. 93(2), 145-150, 2002.*

G. KARS, U. GÜNDÜZ, G. RAKHELY, M. YÜCEL, I. EROGLU, and K. L. KOVACS. Improved hydrogen production by uptake hydrogenase deficient mutant strain of *Rhodobacter sphaeroides* O.U.001. *Internacional Journal of Hydrogen. 33, 3056 – 3060. 2008*

C-Y. CHEN, C-M. LEE, and J-S. CHANG. Feasibility study on bioreactor strategies for enhanced photohydrogen production from *Rhodopseudomonas palustris* WP3-5 using optical-fiber-assisted illumination systems. *International Journal of Hydrogen Energy 31:2345–2355.2006*

EROGLU E., EROGLU I., GÜNDÜZ U., TÜRKER L., and YÜCEL M. Biological hydrogen production from olive mill wastewater with two-stage processes. *International Journal of Hydrogen Energy. Vol. 31, 1527-1535. 2006.*

E. J. WOLFRUM, G. VANZIN, J. HUANG, A. S. WATT, S. SMOLINSKI, and P-C. MANESS. Biological Water Gas Shift Development. *Hydrogen, Fuel Cells, and Infrastructure Technologies. FY 2003 Progress Report*

G. Y. JUNGA, J. R. KIMB, J-Y. PARKB and S. PARK. Hydrogen production by a new chemoheterotrophic bacterium *Citrobacter* sp. Y19. *International Journal of Hydrogen Energy. Vol.27, No.6, 601-610 . 2002*

WOLFRUM E., and WATT A. Bioreactor design studies for a novel hydrogen-producing bacterium. *Proceedings of the 2001 DOE Hydrogen Program Review. 2001.*

K-S. LEE, P-J. LIN, K. FANGCHIANG and J-S. CHANG. Continuous hydrogen production by anaerobic mixed microflora using a hollow-fiber microfiltration membrane bioreactor. *International Journal of Hydrogen Energy. Vol. 32, 950-957. 2007*

23

WU S-Y., LIN CH-N., CHANG J-S., and CHANG J-S. Biohydrogen production with anaerobic immobilized by ethylene-vinyl acetate copolymer. *International Journal of Hydrogen Energy. Vol. 30, 1375-1381. 2005.*

YANG H., SHAO P., LU T., SHEN J., WANG D., XU Z., and YUAN X. Continuous bio-hydrogen production from citric acid wastewater via facultative anaerobic bacteria. *International Journal of Hydrogen Energy. Vol. 31, 1306-1313. 2006.*

LEE K., LO Y., LIN P., and CHANG J. Improving biohydrogen production in a carrier-induced granular sludge bed by altering physical configuration and agitation pattern of the bioreactor. *International Journal of Hydrogen Energy. Vol. 31, 2076-2087. 2006.*

www.hyvolution.nl

CHANG J-S., WU K-J., and CHANG C-F. Simultaneous production of biohydrogen and bioethanol with fluidized-bed and packed-bed bioreactors containing immobilized anaerobic sludge. *Process Biochemistry (en prensa). 2007.*

AMAGASAKI (Nanko, Kansai Electric Power Co.) Hydrogen Production by Photosynthetic Microorganisms. *Research Institute of Innovative Technology for the Earth (RITE)*

www.ingramcontent.com/pod-product-compliance
Lightning Source LLC
Chambersburg PA
CBHW050429180526
45159CB00005B/2469